AF332738

27699

SECONDE LETTRE

M. GIRARD, HUISSIER, A MAGNY,

A MESSIEURS LES MEMBRES

Composant le Comité d'Agriculture de Seine-et-Oise.

Messieurs,

Ce ne fut qu'après de mûres reflexions sur les désastres de la grêle et du feu que nous formâmes un projet d'association contre ces deux fléaux. En l'expliquant aux cultivateurs qui nous en avaient inspiré les premières idées, nous nous exprimâmes dans les termes suivants :

» Nous revenons aux choses d'ici-bas, disions-nous, pour con-
» sidérer la grêle sous le point de vue de l'intérêt social, et pour
» dire que les hommes doivent s'entendre, afin que les pertes
» énormes qu'elle cause ne soient pas supportées par quel-
» ques-uns isolément, mais par tous au moyen d'une juste ré-
» partition. Cette répartition serait une belle œuvre si elle était

1844

» générale, et surtout si elle était faite comme il conviendrait
» qu'elle le fût; nous sommes à une époque où tout s'améliore,
» où tout marche vers la perfection, pourquoi ne parviendrait-
» on pas à atteindre le but que nous venons de signaler?

Comme on le voit, notre première pensée eut pour objet une vaste association, au moyen de laquelle les désastres les plus considérables pourraient être réparés. Assurément une entreprise de cette nature exige du courage, de la persévérance; mais, nous en sommes convaincus, nous aurions un succès complet si les comités d'agriculture nous venaient en aide dans chaque département.

Le feu, lorsqu'il éclate dans une grange ou sur une meule, dévore sa proie, et ne laisse que des cendres; mais sa proie détruite il meurt, et, le plus souvent, il ne laisse à déplorer que la ruine d'un seul cultivateur; tandis que la grêle frappant à la fois des cantons entiers, c'est par millions qu'il faut compter les pertes.

Est-ce un canton seul qui porterait des secours à un canton dévasté? Est-ce un arrondissement, est-ce même un département qui pourrait réparer des pertes de plusieurs millions? Non; aussi avons-nous ôté aux cultivateurs du *Vexin* l'idée d'une association entre plusieurs cantons; aussi condamnons-nous les compagnies formées, ou qui tenteraient de se former dans des cercles étroits, parce qu'ils sont constamment menacés de sinistres, qu'elles ne sont pas en état de réparer. Notre jugement s'appuie, du reste, sur des faits que personne ne peut nier.

En supposant qu'il existe sur toute l'étendue du sol français cent mille cultivateurs, ayant chacun en moyenne vingt mille francs de récolte, on trouve le chiffre de deux milliards pour les matières assurables contre la grêle et l'incendie.

Sur deux milliards de récoltes, quel est le chiffre des sinistres dans les années les plus calamiteuses ? En l'année 1839, qui fit déplorer de grands désastres, la *Cérès* demanda son maximum, 25 pour mille, et ne put indemniser les sinistres qu'au tiers ; d'où l'on pourrait conclure que dans cette année calamiteuse, les pertes furent à plus de 40 pour mille; or, à 40 pour mille sur 2 milliards, on trouve le chiffre de 80 millions pour sinistres. Des années semblables peuvent se représenter, mais il en survient aussi de très heureuses.

Les années malheureuses et les années heureuses se succèdant tour-à-tour, on a tout naturellement la pensée de faire des économies dans les unes pour les employer dans les autres, et d'arriver ainsi au résultat le plus satisfaisant par le remboursement de la totalité des sinistres. Pour cela, il faudrait nécessairement connaître la moyenne des sinistres et en demander annuellement le paiement aux cultivateurs qui comprendraient parfaitement du reste que rien ne serait plus rationnel, puisque leurs cotisations annuelles et invariables feraient face aux sinistres les plus considérables. Oui, les cotisations seraient invariables, mais, à condition que la moyenne elle-même ne varierait pas ; car si elle devait augmenter ou diminuer, les cotisations feraient le même mouvement.

Il faut donc savoir quelle peut être la moyenne des sinistres de la grêle.

Dans ses prospectus, la *Cérès* annonce que la moyenne de ses sinistres est de 6 fr. pour mille ; mais la *Cérès*, de même que les autres compagnies qui se renferment dans des cercles étroits, ou qui, en s'étendant au loin, ne font des affaires que très-rarement, la *Cérès*, dis-je, ne peut donner une base sur les sinistres de la grêle.

Toutefois, lorsqu'on se rappelle des sinistres à plusieurs millions sur un seul arrondissement, à plusieurs cent mille fr. sur une seule commune; lorsqu'on se rappelle les désastres de 1839 et ceux d'autres années moins calamiteuses, on est porté à croire que la moyenne des sinistres de la grêle peut être au 100ᵉ de la masse, 10 fr. pour mille. Ce chiffre est ici par supposition; nous serions heureux que l'expérience le fit descendre à 6 fr. et plus bas encore.

Par cette moyenne de 10 fr. pour mille sur les deux milliards de matières assurables dont il a été fait mention, on trouve une somme ronde de 20 millions annuellement disponible pour la réparation des sinistres. Si la moyenne à 10 pour mille devait descendre à 6 fr., on aurait 12 millions au lieu de 20; mais il convient de la maintenir à 10 jusqu'à preuve contraire, car ce chiffre ne paraît pas exagéré.

En définitive, l'expérience seule fera connaître la moyenne au juste, et cette moyenne étant bien connue, les cotisations seront toujours au même chiffre. Sans cela elles seront susceptibles de légères variations.

On le sait, les deux milliards embrassent le sol français tout entier. Tout le monde ne comprendra pas que nous ayons la hardiesse d'un projet aussi gigantesque. D'ailleurs on verra des inconvénients; on trouvera peut-être que les orages sont plus fréquents dans le Midi que dans le Nord; on dira que le Nord ne peut concourir avec le Midi, pour la réparation des sinistres. Notre intention est d'aller au devant de toutes les objections.

Une vaste association telle que nous la proposons, ne peut s'organiser sans l'appui et les secours d'un conseil d'agriculture dans chaque département. En second lieu, nous voulons, autant que possible, que les chances soient égales partout ; aussi, ne pensons-nous pas que le Nord doive concourir avec le Centre, et le Centre avec le Midi, ce qui nous amène à proposer ici d'établir des Zônes.

Il conviendrait donc de diviser le sol français en quatre parties à peu près égales, dans chacune desquelles nous proposons d'établir une administration.

Première administration.......... le Centre-Nord
Deuxième..................... le Centre-Sud.
Troisième................... le Nord.
Quatrième................... le Midi.

Ces administrations auraient chacune 500 millions ou environ ; car c'est par approximation que nous avons posé le chiffre de deux milliards, et elles seraient entièrement indépendantes l'une de l'autre.

La circonscription dans laquelle nous essaierons d'asseoir le système que nous proposons, est le Centre-Nord de la France, renfermant 22 départements, qui seront appelés à concourir pour la réparation *entière* des sinistres, sous la protection et avec les lumières d'un conseil d'agriculture dans chaque département.

On se plaint généralement des souffrances de notre agriculture, et les hommes de science qui s'occupent d'intérêts agricoles, disent qu'elle est en retard comparativement à d'autres pays. Des moyens divers d'amélioration sont enseignés : on a beaucoup parlé, par exemple, des bestiaux et des engrais, que l'on trouve en trop faible quantité dans les exploitations ; mais personne ne songe à parler des baux, qui sont de trop courte durée généralement, ce qui empêche nos agriculteurs de faire aux terres tous les frais de préparation nécessaires pour avoir des herbes en quantité suffisante, et des moissons plus abondantes. Demander beaucoup d'herbes, beaucoup de bestiaux et d'engrais, sans réclamer des baux de longue durée, c'est faire une demande à peu près inutile; car nos cultivateurs ne peuvent se constituer en frais dans des exploitations dont la jouissance ne leur est assurée que par des baux de neuf années.

Plusieurs fois déjà, nous avons eu l'occasion de le dire : la grêle et le feu sont des causes de ruine totale. Il est évident que la première, la plus essentielle et en même temps la plus facile des améliorations, serait de prémunir les cultivateurs contre les chances de ruine dont ils sont menacés. En effet, à quoi bon de belles récoltes si elles doivent, sans retour, être ravagées par la grêle ou consumées par le feu?

Les assurances contre l'incendie sont laissées à deux systèmes rivaux, qui se combattent par toutes sortes de récriminations, de sorte que les cultivateurs sont embarrassés sur le choix qu'ils ont à faire de l'un ou de l'autre système. Il serait utile que les cultivateurs fussent éclairés sur ce point important. Plus loin, nous donnerons quelques explications sur ce sujet.

Dans nos lettres précédentes, nous avons fait connaître assez clairement les défauts des compagnies existantes contre la grêle, nous ne reviendrons pas sur cet article. Seulement, qu'il soit bien constaté ici qu'au moyen de ces compagnies, les cultivateurs ne peuvent atteindre le but qu'ils se proposent en se faisant assurer, parce qu'elles n'ont pas de ressources suffisantes contre la grêle. D'un autre côté, les frais d'administration et d'exper-tise sont beaucoup trop considérables, et, du reste, on est autorisé à dire que l'organisation est vicieuse par cela seul que les cotisations qui pourraient s'élever à des millions, sont laissées à la libre disposition d'un seul homme (le Directeur).

Nous arrivons à notre plan d'organisation, que nous présentons de la manière suivante :

Premièrement. Une circonscription de 22 départements appelés à concourir pour la réparation entière des sinistres de la grêle.

Deuxièmement. Dans chaque département, un conseil d'agriculture composé de cultivateurs en exercice, d'anciens cultivateurs ou d'hommes honorables, ayant des connaissances en agriculture, élus au nombre de deux ou trois dans chaque canton.

Troisièmement. Administration supérieure et centrale établie à Paris ou à Versailles, sous la direction d'un homme considérable par sa position, et dont nous ne sommes pas encore autorisé à dire le nom.

Quatrièmement. Un administrateur au centre de chaque département, sous les auspices du conseil d'agriculture.

Cinquièmement. Un sous-administrateur au chef-lieu de chaque arrondissement.

Les conseils d'agriculture, dont la formation est réclamée, s'assembleront tous chaque année à l'époque du mois de septembre. Leur principale mission sera l'examen et l'approbation des procès-verbaux de sinistres de l'année; ils auront encore pour mission de s'occuper de tous les intérêts agricoles.

Les administrateurs de département seront des comptables éprouvés, dont les antécédents ne laisseront rien à désirer.

Les sous-administrateurs devront avoir aussi de l'aptitude, et leurs antécédents ne seront pas moins vérifiés. Ils assureront les cultivateurs non-seulement contre la grêle, mais encore contre l'incendie, aux compagnies avec lesquelles l'administration se créera des relations; ils feront aussi des assurances sur la vie; ils auront pour mission spéciale de faire comprendre aux fermiers ce nouveau et excellent système d'économie, et de les engager sans cesse à se procurer par cette ingénieuse invention, des moyens d'existence dans la vieillesse.

Les années, en se succédant, sont plus ou moins orageuses. Demander de légères cotisations dans les années heureuses, rien de mieux ; mais en exiger de très lourdes dans les années malheureuses, ce serait une grande gêne dont tous les cultivateurs auraient à se plaindre. Il serait préférable d'avoir la moyenne des sinistres et d'en demander annuellement les paiements aux cultivateurs. Ils s'habitueraient à ces paiements annuels et invariables; ils s'y prépareraient comme au paiement de leurs contributions, auxquelles les cotisations seraient assimilées. Elles seraient en effet un surcroit d'impositions, auquel les propriétaires auraient égard en louant leurs fermes.

Par approximation, et après avoir considéré de grands désastres, nous avons posé comme terme moyen des sinistres, le chiffre de 10 fr. pour mille, en attendant que l'expérience établisse la moyenne au juste, ou avec de légères variations.

Le maximum sera le même que celui de la *Cérès*, 15 fr. pour mille, chiffre au-delà duquel les cotisations annuelles ne pourront jamais aller.

En entrant dans l'association, les cultivateurs verseront le maximum comme première mise; cette première mise prendra le nom de Masse de Prévoyance ; elle atteindra son complet au chiffre de 20 fr. pour mille ; les cotisations subséquentes seront la moyenne comme elle sera établie.

Toutes les fois que les besoins de l'année, c'est-à-dire les répartitions aux sinistrés, seront au-dessous de la moyenne, il y aura un reste. Ce reste, on le versera à la caisse de prévoyance, jusqu'à ce qu'elle soit au complet. Ce complet obtenu, la moyenne baissera si les subséquentes répartitions le permettent.

Toutes les fois que les besoins de l'année excéderont la moyenne, on prendra l'excédant à la masse de prévoyance, et la cotisation annuelle n'aura pas augmenté.

Dans les années très calamiteuses, comme 1839, on aura de grandes ressources, savoir :

1° la moyenne, 10 fr. du mille, ci........... 10 fr. »

2° la masse de prévoyance au complet, à moins qu'elle n'ait été décomplétée par l'année précédente, ci....................... 20

3° les valeurs qui restent au-dessus de la moyenne jusqu'au maximum, ci 5

Total   35 fr. pour 1000

Comme on le voit, dans les années de grands désastres, on aurait à offrir les ressources de 35 pour mille. — En les calculant sur 500 millions, on trouve à distribuer aux sinistrés de 22 départements dix-sept millions cinq cent mille francs. Si l'on avait à produire le même résultat dans toute la France et sur les deux milliards dont il a été fait mention, on aurait à répartir la somme de 70 millions. Avec de pareils résultats, dans une année malheureuse, les cultivateurs ne paient rien au-delà du maximum, (15 pour mille) ; seulement , l'année suivante, il faut encore verser ce même maximum comme première mise, pour arriver de nouveau au compte de la Masse de Prévoyance, ainsi qu'il a été expliqué.

Dans les résultats ci-dessus, il y a une objection à faire. Le nouveau sociétaire en versant sa première mise (15 pour mille) n'a pas sa Masse de Prévoyance au complet, et ne produit pas autant que ceux qui l'y ont, lorsqu'il s'agit de sinistres considérables et de l'épuisement entier des masses ; mais cet inconvénient ne peut se produire qu'autant que toutes les ressources sont épuisées, ce qui arrivera fort rarement. Il sera facile, toutefois, d'obvier à cet inconvénient par une disposition exceptionnelle, qui obligera les nouveaux sociétaires à compléter leurs masses dans ce cas extraordinaire de l'épuisement de toutes les ressources.

Il est bien entendu que chaque sociétaire aura son compte particulier, et qu'en sortant de l'association, il emportera sa masse telle qu'elle se trouvera après la réparation des sinistres de l'année.

Nous pourrions, par des exemples, rendre plus sensible le mécanisme des opérations ; mais nous voulons abréger. Au reste, un peu d'attention suffira pour faire comprendre parfaitement ce système d'opérations, qui impose à tous les mêmes obligations et les mêmes charges, en accordant aussi à tous les mêmes droits et les mêmes avantages.

Il est à remarquer que les frais d'administration, dans lesquels il y aura autant d'économie que possible, seront couverts en grande partie, sinon en totalité, par les intérêts que produira la Masse de Prévoyance.

Nous connaissons tous les frais, toutes les charges des exploitations de culture, et nous savons combien il est difficile aux cultivateurs peu aisés d'arriver à quelques économies. En raison de ces difficultés, de cette gêne dans l'agriculture, gêne qui n'est que trop vraie et qui nuit au progrès, il semble que nous ayons à craindre d'effrayer les cultivateurs avec les 15 francs de première mise et les cotisations subséquentes que nous avons supposées à 10 francs; mais qu'on fasse bien attention à l'économie du système. En effet, la première mise perdant ce nom pour prendre celui de Masse de Prévoyance, est une somme que les cultivateurs placent à 4 pour cent d'intérêt, et qui rentre tout entière dans leurs mains à l'expiration de leur engagement, si de grands sinistres dont elle répond ne sont pas venus l'attaquer. Quant aux cotisations subséquentes, nous avons expliqué qu'elles font face à la moyenne des sinistres : rien de mieux ne peut exister.

En proposant une vaste association contre la grêle, nous pensons qu'elle peut être la première et la plus utile des améliorations que réclame l'agriculture. Dans cette entreprise, nous aurons tout le courage et toute la persévérance que donne la conviction. Parmi les cultivateurs, nous rencontrerons des indifférents. A ceux-là nous dirons: Rappelez-vous ce que vous éprouvez, lorsque le ciel en courroux, vous aveuglant par les éclairs, vous faisant trembler par les éclats du tonnerre, promène et laisse planer sur vos riches moissons les nuages profonds et noirs!

Les incendies sont redoutables par plusieurs raisons; ils le sont parce qu'ils font éprouver des pertes considérables, des pertes capables de compromettre la fortune de ceux qui ont à les subir; ils le sont encore par le saisissement, l'effroi qu'on éprouve à la vue du danger, effroi qui pourrait nuire gravement à la santé des personnes impressionnables.

Les assurances contre l'incendie offrent de grands avantages, puisqu'elles ont pour objet de faire rentrer les incendiés dans la totalité des pertes éprouvées, et que l'idée d'être parfaitement garantis, exerce sur leur moral une heureuse influence. Elles ont encore l'avantage d'arrêter la malveillance; car celle-ci ne pourrait se satisfaire en incendiant ce qui serait assuré d'une manière si avantageuse. Les cultivateurs ont donc le plus grand intérêt à assurer contre l'incendie, non-seulement les récoltes, mais encore le mobilier de ferme et les chances locatives.

Il entre dans nos intentions d'expliquer aux cultivateurs les deux systèmes d'assurance contre l'incendie, et de leur donner les éclaircissements nécessaires pour qu'ils sachent bien tous que la mutualité est appelée à devenir puissante, et que plus elle le sera, plus les garanties seront grandes et les charges légères. Ce nouveau travail sera l'objet d'une autre lettre; mais il est une chose que les cultivateurs, dès à présent, doivent tenir pour certaine, c'est que l'assurance à prime fixe, qui fait parade de garanties, n'offre que des garanties illusoires, n'est autre chose qu'une spéculation à gros bénéfices, non pour les compagnies nouvelles, car aucune ne peut se soutenir, mais pour celles qui ont acquis une grande formation, et une sorte de renom avant l'existence de la mutualité.

Les premières compagnies mutuelles se sont formées pour les

immeubles seulement. Comme elles n'avaient pas pour elles l'expérience, leur organisation laissait à désirer ; mais les compagnies qui se sont formées depuis, ont apporté des améliorations telles, que leur organisation semble avoir la perfection.

Après les compagnies mutuelles immobilières, sont venues les compagnies mutuelles mobilières. La *Rouennaise* est la première compagnie mutuelle mobilière. C'est elle qui a donné le mouvement, et que nous regardons comme le modèle de toutes les autres.

Ayant réussi à nous créer des relations avec la *Rouennaise*, nous l'offrons aux cultivateurs avec son titre de première compagnie mutuelle mobilière, et avec une prospérité tout près de 200 millions.

Lorsque cette prospérité, qui augmente chaque jour, se sera doublée ou triplée, les frais d'administration seront si faibles, que ce sera, pour ainsi dire, le cas de ne plus voir dans les charges sociales que la réparation des dommages.

Dans les temps féodaux, les laboureurs cultivaient les terres sous la dépendance absolue des seigneurs, qui s'étaient attribué sur eux des droits énormes, ne leur laissant en partage que l'ignorance et une condition servile ; cependant la nature veut que tous les hommes soient libres. L'esprit de civilisation longtemps en germe, devait, en se développant, amener la réforme de grands abus, la réforme d'une autorité oppressive ; donner à tous les mêmes droits, une liberté entière dans leurs idées, dans leurs mœurs et dans leurs penchants, mais conforme à celle des citoyens les plus éclairés et les plus vertueux. En 1789, nos pères proclamèrent les droits que la nature accorde à l'homme. Par une résolution vigoureuse, extrême, ils les voulurent pour tous et les demandèrent à cette classe nobiliaire et oppressive qui avait tant d'intérêt à les refuser.

Cette cause si juste, ils la soutinrent avec une persévérance, avec un courage magnanimes. Les privilégiés s'obstinèrent, et la lutte fut terrible. Les excès, les horreurs de 93 laissèrent à leur suite de grands troubles, de longues agitations ; mais le calme devait renaître un jour, et nous donner la liberté, si favorable au progrès de l'agriculture. Après avoir tant obtenu, nous pouvons encore obtenir de grandes choses.

Qu'il nous soit donc permis d'émettre nos pensées sur les besoins de l'agriculture et d'en espérer la réalisation.